なぜなにはかせの 理科クイズ

5 海と水辺の生き物

もくじ

なぜなにはかせの自己紹介 ………………… 4

問題 1 メダカのメスは、どっち？ ………………… 5

2 魚の呼吸を表しているのは、どれ？ ………… 7

3 トノサマガエルは、なぜ、ほっぺをふくらませる？…… 9

4 ザリガニは、エビの仲間？ カニの仲間？ ……… 11

5 ホンソメワケベラが、ほかの魚に食べられないのは、なぜ？… 13

6 サワガニのメスは、どっち？ ……………… 15

7 シロナガスクジラの大きさは、どのくらい？ …… 17

8 アマガエルの成長順は？ ………………… 19

9 カクレクマノミとイソギンチャクは、どんな関係？…… 21

10 ニホンウナギにうろこは、ある？ ない？ ……… 23

11 イカの頭は、どこかな？ ………………… 25

12 えら呼吸をしない生き物は、どれ？ ………… 27

13 ヤドカリの貝がらの中身は、どうなっている？…… 29

14 シロイルカに一番近い生き物は、どれ？ ……… 31

15 ザリガニが砂浴びするのは、なぜ？ ………… 33

16 イルカの泳ぎ方は、どれ？ ……………… 35

17 タコの特ちょうを表しているのは、どれ？ …… 37

絶めつのおそれがあるメダカ ………………… 39

18 メダカの卵が育つ順番は？ ……………… 40

19 だれの尾びれかな？ ……………………… 44

食たくに上がる前の、海の生き物たち ………… 48

20 シロナガスクジラは、何を食べる？ ……………… 49

21 クロマグロの卵は、どれ？ ………………………… 51

22 ヤドカリが選ぶ貝がらは、どれ？ ……………… 53

23 アカエイの骨は、どれ？ ………………………… 55

24 ニホンウナギは、どこを回遊する？ ……………… 57

25 モリアオガエルがつくるあわは、何のため？ ……… 59

26 赤ちゃんメダカの、腹のふくらみは何？ ………… 61

27 シャチの胸びれの骨は、どうなっている？ ………… 63

28 オウムガイは、何の仲間？ ……………………… 65

29 この魚の模様は、縦じま？ 横じま？ ………… 67

30 クロマグロが泳ぎ続けるのは、なぜ？ ………… 69

31 この特ちょうを持つ生き物は、どれ？ ………… 71

32 ヒラメの目があるのは、左側？ 右側？ ………… 73

33 ホホジロザメの歯が、いつもするどいのは、なぜ？ …… 75

34 成長とともに名前が変わる魚を、何という？ … 77

35 ホタテガイの目は、どこにある？ ……………… 79

36 クラゲに一番近い生き物は？ …………………… 81

37 タツノオトシゴの変わった子育て法は、どれ？ …… 83

外国からやって来た、生き物たち ……………… 85

38 だれの卵かな？ ………………………………… 86

39 どこにすむ生き物かな？ ………………………… 90

さくいん …………………………………………… 94

3

問題 1 メダカのメスは、どっち？

メダカは、北海道をのぞく全国の水田や、小川、池にすむ小さな魚だね。メダカのオスとメスは、一見同じように見えるけれど、よく見るとちがう部分があるよ。㋐と㋑のうち、メスのメダカは、どっちかな？

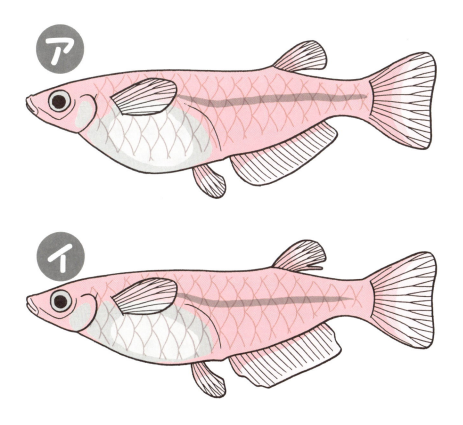

答え 1　正解は ア

メダカのオスとメスを見分けるために、背びれと、しりびれに注目してみよう。

メスのメダカは、背びれに切れこみがなく、しりびれの後ろが短い。逆にオスのメダカは、背びれに切れこみがあり、しりびれの後ろが長いよ。

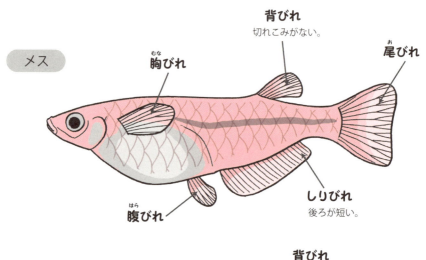

メス
- 胸びれ
- 背びれ　切れこみがない。
- 尾びれ
- 腹びれ
- しりびれ　後ろが短い。

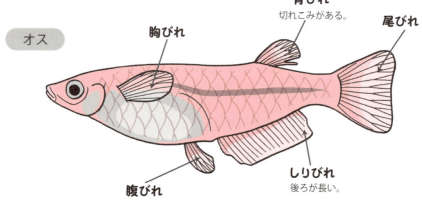

オス
- 胸びれ
- 背びれ　切れこみがある。
- 尾びれ
- 腹びれ
- しりびれ　後ろが長い。

問題2 魚の呼吸を表しているのは、どれ？

魚は、えらという部分を使って呼吸をしているよ。「えら呼吸」というんだ。次の㋐〜㋓のうち、えら呼吸の水の流れを表しているのは、どれかな？

この部分は「えらぶた」といって、この中にえらがあるよ。

㋐ えらから吸って、口から出すよ。

㋑ 口から吸って、えらから出すよ。

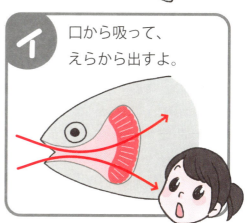

㋒ えらから吸ってえらから出すよ。

㋓ えらから口へ、口からえらへをくり返すよ。

答え2　正解は イ

魚は、口から吸いこんだ水を、えらを通して出している。えらは、細長いひだが集まってできているよ。その1本1本には、血液が流れている。海水にとけている酸素を血液中にとり入れて、二酸化炭素を外に出すんだ。

えら

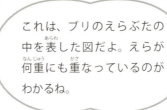

これは、ブリのえらぶたの中を表した図だよ。えらが何重にも重なっているのがわかるね。

えらのひだの部分を「さい弁」、ひだの根元にあるくしの歯のような部分を「さいは」というんだ。さいはで、水の中の細かいエサを、こし取って食べるんだよ。

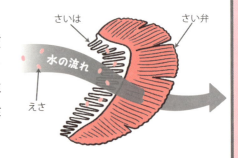

問題3 トノサマガエルは、なぜ、ほっぺをふくらませる？

トノサマガエルは、おもに水田や池などでくらしているカエルだよ。
おや？ トノサマガエルが、ほっぺをふくらませているよ。何のために、ふくらませているのかな？

ア えさを、たくわえているのかも。

イ 鳴き声を大きくひびかせるため、じゃないかな。

ウ 呼吸(こきゅう)するために、ふくらませるんだよ。

答え 3　正解は イ

トノサマガエルのほっぺのふくらみは、「鳴のう」といって、鳴き声を大きくひびかせるための器官なんだ。「歌ぶくろ」ともよぶよ。カエルのオスの多くが、ほおや、のどなどに、この鳴のうを持っているよ。鳴き声でメスをひきつけるんだ。カエルの種類によって、鳴のうの形はいろいろあるよ。

肺から鳴のうに空気が送られるときに、空気が声帯をふるわせて、音が出るよ。大きくふくらんだ鳴のうの中で、音はより大きくひびくんだ。カエルが鳴くときは、口も鼻の穴も閉じて、息を止める。鳴のうと肺の間を、空気が行ったり来たりして、音を出し続けることができるんだ。

📎メモ

いろいろなカエルの鳴のう

ニホンアマガエル
大きな鳴のうが１つ。

ヌマガエル
中央でくびれた鳴のう。

スイレンクサガエル
あごの皮ふもいっしょにのびる。

問題 4　ザリガニは、エビの仲間？　カニの仲間？

今、日本でもっともよく見られるザリガニは、アメリカ原産のアメリカザリガニだ。エビカニとよばれることもあるけれど、ザリガニは、エビの仲間なのかな？それとも、カニの仲間なのかな？

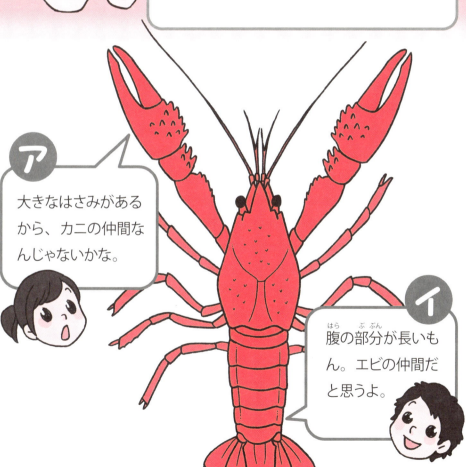

ア　大きなはさみがあるから、カニの仲間なんじゃないかな。

イ　腹の部分が長いもん。エビの仲間だと思うよ。

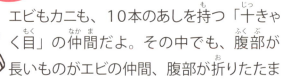

答え 4   正解は イ

エビもカニも、10本のあしを持つ「十きゃく目」の仲間だよ。その中でも、腹部が長いものがエビの仲間、腹部が折りたまれているものがカニの仲間と分けられるんだ。ザリガニは長い腹部を持っているから、エビの仲間だね。

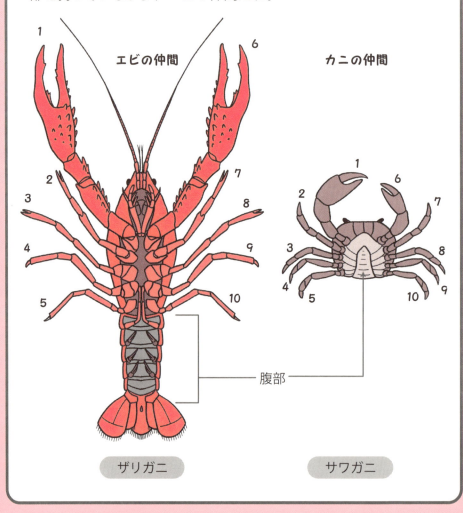

問題 5 ホンソメワケベラが、ほかの魚に食べられないのは、なぜ？

わー！きれいな魚がいっぱい!!

はかせ。この魚の名前は？
ホンソメワケベラというんだよ。

あ!! 大きな魚の口にホンソメワケベラが!!

あれ？食べられないで、出てきたよ。
さて、どうしてかな？理由を考えてみよう。

13

答え 5 口のそうじをしてあげていた。

あれ？今度は、えらの中に入っているよ。

ホンソメワケベラは、ほかの魚の体についた食べかすや、寄生虫を食べる「そうじ魚」なんだ。魚たちはそれを知っているから、ホンソメワケベラが近よってくると、口やえらを開けて、そうじしてもらうんだよ。

メモ

ニセモノに注意!!

ニセクロスジギンポ

ニセクロスジギンポは、ホンソメワケベラに形も色もそっくりだ。だからほかの魚たちは、ニセクロスジギンポが近よってきても、食べたり攻げきしたりしない。ところが、ニセクロスジギンポは、そうじをするふりをして、ほかの魚の皮ふや、ひれを食いちぎってしまうんだよ。

見分けるポイントは、口の形。

問題 6 サワガニのメスは、どっち？

サワガニは、北海道をのぞく日本全国で、水がきれいな山間の川にすんでいるよ。日本にだけすんでいる、固有種なんだ。次の㋐と㋑のうち、サワガニのメスはどっちかな？

㋐
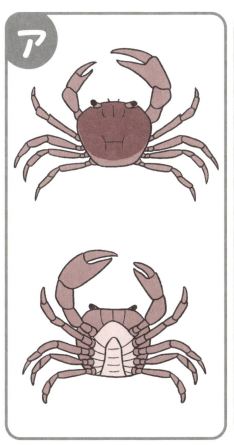

㋑
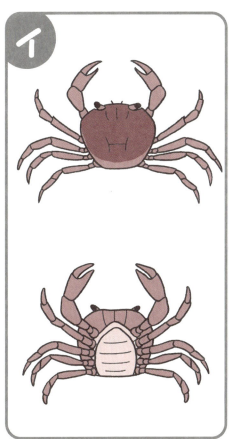

答え 6　正解は イ

サワガニのオスと、メスを見分けるポイントは2つ。左右のはさみの大きさと、腹の部分のちがいだよ。サワガニのオスのはさみは、上から見て右側が大きいんだ。メスのはさみは、左右同じ大きさだ。腹の部分は、メスの方がはばが広くなっている。これは卵をかかえるためのしくみで、カニの仲間に共通のしくみなんだ。

オス　右のはさみが大きい。
メス　はさみの大きさは、左右同じ。
腹部が細い。
腹部が広い。

卵からかえることを「ふ化」というよ。

サワガニのメスは、卵がふ化した後も、しばらく子ガニを腹にかかえたまま、育てるんだ。

# 問題7 シロナガスクジラの大きさは、どのくらい？

地球上で最大の生き物といえば、シロナガスクジラだ。では、シロナガスクジラは最大で全長何mくらいになるのかな？

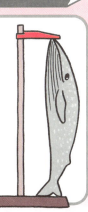

ア 5mくらい

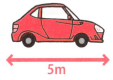

イ 10mくらい

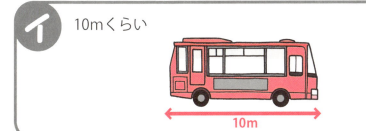

ウ 30mくらい

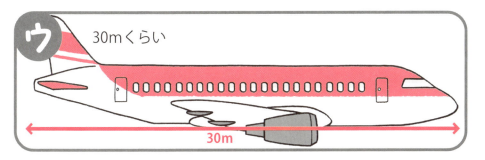

答え 7　正解は ウ

シロナガスクジラの全長は、最大でおよそ30m。120〜130席の旅客機と同じくらいの大きさになるんだよ。シロナガスクジラの体重は、およそ100〜120ｔ。アフリカゾウ約30頭と、同じくらいの重さなんだ。もっとも大きいシロナガスクジラで200ｔにもなるんだって！　生まれたばかりの赤ちゃんクジラでも、体重は約2ｔもあるよ。小型のトラックと同じくらいの重さなんだね。

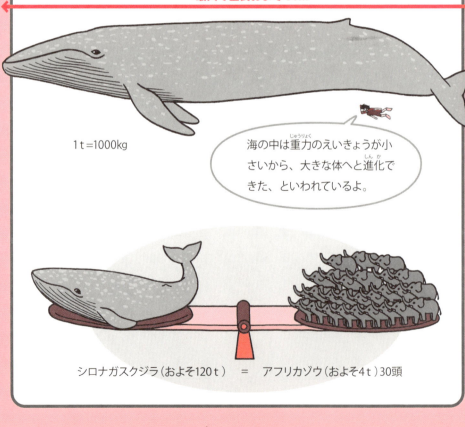

最大で全長およそ30m

1ｔ＝1000kg

海の中は重力のえいきょうが小さいから、大きな体へと進化できた、といわれているよ。

シロナガスクジラ（およそ120ｔ）　＝　アフリカゾウ（およそ4ｔ）30頭

問題 8 アマガエルの成長順は？

アマガエルは、4〜9月に水田や池などで産卵するよ。卵の直径は、1.3〜2mmくらい。1ぴきのメスがおよそ500〜1000個の卵を産むんだ。
次の㋐〜㋕を、アマガエルの成長順にならべよう。

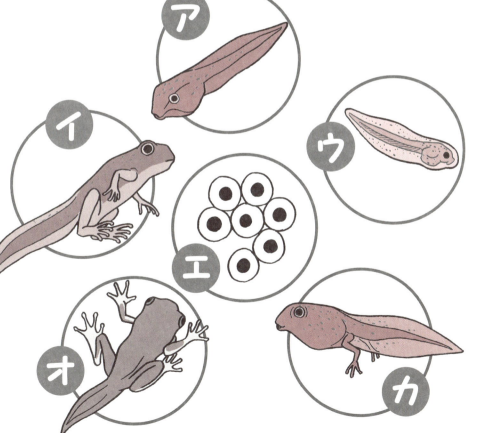

答え 8　正解は エ ウ ア カ イ オ

卵からかえったばかりのカエルのことを「オタマジャクシ」というよ。足はなく、おとなのカエルとは、まったくちがう姿をしているんだ。ちがうのは、形だけじゃない。水中でくらすオタマジャクシは、えらで呼吸をする「えら呼吸」だけれど、足が生えて、陸でくらすようになると、肺で呼吸をする「肺呼吸」に変わるんだ。

エ：水中の水草などに産みつけられた卵は、2～3日でふ化する。

ウ：ふ化から2～3日目。体はすきとおっている。体長7mmくらい。

ア：ふ化からおよそ10日目。色が黒っぽくなってくる。体長17mmくらい。

成長に必要な日数は、水温などによって、ちがってくるよ。

カ：ふ化からおよそ18日目。後ろ足が生えてくる。体長40mmくらい。

イ：ふ化からおよそ25日目。前足が生える。体長45mmくらい。
このころになると、えらがなくなり、肺ができて、えら呼吸から肺呼吸に変わる。

オ：ふ化からおよそ29日目。尾が体に吸収されて、なくなる。

尾がなくなると、陸での生活が始まる。完全なおとなのアマガエルに成長するには、1～2年ほどかかる。

問題 9 カクレクマノミとイソギンチャクは、どんな関係？

カクレクマノミは、浅いサンゴしょうにすみ、イソギンチャクと深い関係があるよ。どんな関係かな？

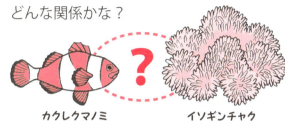

カクレクマノミ　　イソギンチャク

ア カクレクマノミがイソギンチャクを食べるんだよ。

イ イソギンチャクがカクレクマノミを食べるのかも。

ウ イソギンチャクの中にカクレクマノミがすんでいるんだよ。

エ カクレクマノミにイソギンチャクがくっついて移動するんだよ。

答え 9　正解は ウ

イソギンチャクが持つ「しょく手」に魚がふれると、毒のある針が発射されるよ。イソギンチャクは、毒針にさされて動けなくなった魚を食べるんだ。けれどもクマノミの仲間は、体の表面に特別な「ねん液」を出して、イソギンチャクがふれても毒針が出ないようにしているよ。クマノミの仲間は、イソギンチャクのしょく手の間でくらすことで、クマノミを食べに来るほかの魚から身を守っているんだね。代わりにクマノミは、イソギンチャクを食べに来るチョウチョウウオなどを追いはらって、イソギンチャクを守るよ。

カクレクマノミは、イソギンチャクにほかの魚から身を守ってもらう。

イソギンチャクは、カクレクマノミに、イソギンチャクを食べに来た魚を、追いはらってもらう。

こんなふうに、おたがいに助け合って生きる関係を「共生」というよ。

問題 10 ニホンウナギにうろこは、ある？ ない？

ウナギは細長くてニョロニョロしているけれど、れっきとした魚の仲間だよ。日本各地で見ることができるのは、ニホンウナギだ。
さて、このニホンウナギにうろこは、ある？
それとも、ない？

ア ある、と思うよ。魚だもん。

イ ない、と思うよ。ヌルヌルしてるもん。

答え10　正解は ア

ニホンウナギにも、うろこはあるよ。はば1mm以下の小さなうろこが、皮ふの下にうまっているんだ。そのうえ皮ふは、ヌルヌルしたねん液でおおわれているから、うろこの存在は外見では、わからないよ。

ウナギのうろこ
1mm以下
皮ふの下にうまっている。

ヌルヌルしたねん液は、毒をふくんでいる。

ウナギは血液にも、毒があるんだ。加熱すれば、毒性は消えて、わたしたちも食べることができるよ。

かば焼きなどでおなじみのニホンウナギだけど、その数が減少している。絶めつのおそれが高い野生生物として「絶めつ危ぐ種」に指定されているんだ。食べるためにとりすぎてしまったことが、原因の1つとされているよ。また、川に水門やダムがつくられて、ウナギの子どもであるシラスウナギが川をさかのぼれなくなったり、護岸工事で、すみかがなくなってしまったことも、原因だと考えられているんだ。

問題 11 イカの頭は、どこかな？

イカの仲間は、世界の海におよそ650〜680種いるといわれているよ。食材としても、おなじみだね。
次の㋐〜㋒のうち、どの部分がイカの頭かな？

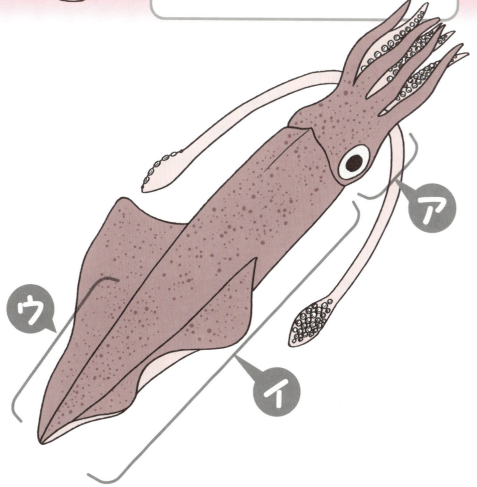

25

答え 11 正解は ア

イカの頭は、目がついている部分。うでのつけ根が頭なんだ。タコも同じだよ。イカやタコの「うで」は、「あし」ともよばれ、頭からあしが生えているので、イカやタコは「頭足類」というんだ。

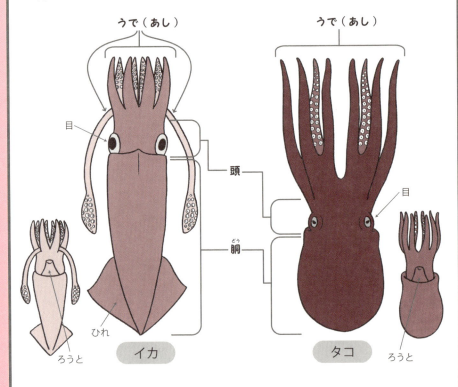

イラストやまんがで頭のように描かれている部分は、頭ではなく内臓のつまった胴なんだね。また、口のように描かれる部分は「ろうと」というよ。泳ぐときに水をふき出したり、敵の目をくらませるために、すみをはいたりするところで、口ではないんだ。口は、イカもタコも、うでの間にあるんだ。

問題 12 えら呼吸をしない生き物は、どれ？

メダカなどの魚類は、えらを使って呼吸をするね。では、㋐～㋔の生き物のうち、えら呼吸をしない生き物は、どれかな？すべて選ぼう。

㋐ サメ
㋑ ウミガメ
㋒ カニ
㋓ シャチ
㋔ イカ

答え 12 正解は イ エ

シャチもウミガメも、えらは持っていないんだ。えら呼吸ではなく、肺で呼吸をする「肺呼吸」だよ。わたしたちヒトと同じように、空気から酸素を体に取り入れているんだね。
そのために、ときどき水面に上がってくる必要があるけれど、ヒトよりもずっと長い時間、水にもぐっていることができるよ。

シャチ

鼻の穴

シャチやイルカは、およそ10〜15分間、もぐっていることができる。

ウミガメ

鼻の穴

ウミガメの仲間は、もっとも長いもので30分以上もぐっていることができる。

問題 13 ヤドカリの貝がらの中身は、どうなっている？

巻き貝のからを背負ってくらすヤドカリは、エビやカニに近い仲間だよ。
さて、ヤドカリの背負った貝がらの中身は、どんなふうになっているのかな？
㋐〜㋒の中から、選ぼう。

㋐

㋑ ㋒

答え 13　正解は ウ

ヤドカリは、エビやカニと同じ十きゃく目の仲間だよ。ヤドカリの頭と胸の部分は「頭胸部」といって、エビやカニのようなかたいこうらで、おおわれているよ。けれども、腹の部分はやわらかいんだ。このやわらかい腹を守るため、ヤドカリには、巻き貝のかたいからが必要なんだね。

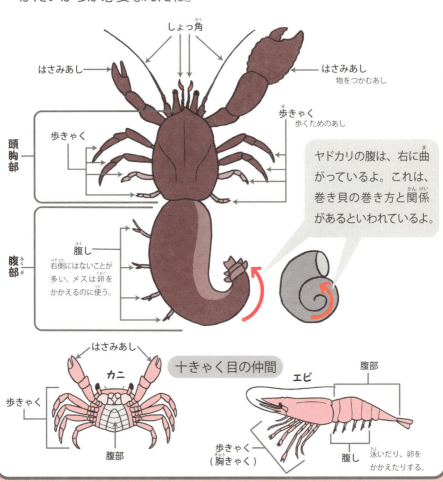

ヤドカリの腹は、右に曲がっているよ。これは、巻き貝の巻き方と関係があるといわれているよ。

問題 14 シロイルカに一番近い生き物は、どれ？

シロイルカは、体長約3〜5m。小鳥のような鳴き声から「海のカナリア」なんてよばれたりするんだ。
さて、次の㋐〜㋓のうち、シロイルカに一番近い種類の生き物は、どれかな？

㋐ クロマグロ
㋑ カバ
㋒ アカエイ
㋓ ジンベイザメ

31

答え 14

正解は イ

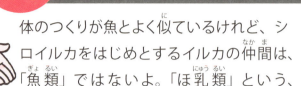

体のつくりが魚とよく似ているけれど、シロイルカをはじめとするイルカの仲間は、「魚類」ではないよ。「ほ乳類」という、カバに近い種類なんだ。肺で呼吸をしたり、お乳で赤ちゃんを育てたり、わたしたちヒトとの共通点も多いんだね。シャチやクジラも、ほ乳類だよ。

ほ乳類	魚類
イルカ・シャチ・クジラなど	マグロ・エイ・サメなど

ほ乳類

肺で呼吸をする。

お乳で赤ちゃんを育てる。

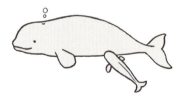

へそがある。

魚類

えらで呼吸をする。

子育てする種もいるが、お乳では育てない。

へそはない。

問題 15 ザリガニが砂浴びするのは、なぜ？

脱皮を終えたばかりのザリガニが、足を使って砂浴びをしていたよ。何のために、砂浴びをしているのかな？

ア 体をきれいにするためだと思うな。

イ こうやってエサをとっているんだよ。

ウ かゆいところを、かいているんじゃないかな。

エ 体の中に、砂を入れているんだよ。

答え15 正解は エ

脱皮したあとのザリガニが、砂浴びをするのは、頭の部分にある第一しょっ角のつけ根に開いた「聴のう」という部分に砂を入れるためといわれているよ。聴のうは、ザリガニが体のバランスを保つための感覚器で、砂の動きによって、体のかたむきぐあいを知ると考えられているよ。

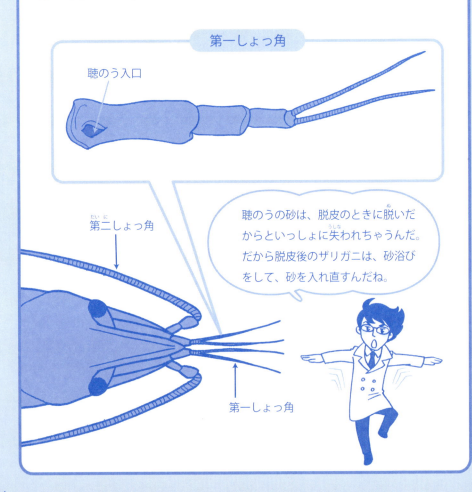

聴のうの砂は、脱皮のときに脱いだからといっしょに失われちゃうんだ。だから脱皮後のザリガニは、砂浴びをして、砂を入れ直すんだね。

問題 16 イルカの泳ぎ方は、どれ？

水族館で人気者のイルカ。イルカが泳いでいる姿を、見たことがあるかな？ イルカは泳ぐとき、どんなふうにひれを動かしているのだろう。㋐〜㋒の中から、選ぼう。

ア 尾びれを上下に動かす。

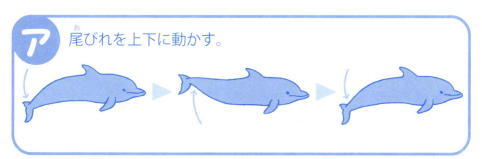

イ 尾びれを左右に動かす。

ウ 尾びれは動かさずに、胸びれを動かす。

答え 16　正解は ア

イルカは、わたしたちと同じほ乳類の仲間だね。ほ乳類は、走るときに背骨が上下に動くんだ。イルカの尾びれは、背骨とつながっていて、上下に動くよ。

イルカの尾びれは、上下の動きで水をしっかりかけるように、水平についているよ。イルカとは反対に魚は泳ぐときに背骨と尾びれが、左右に動くんだ。だから左右の動きで水をしっかりかけるよう、魚の尾びれは垂直についているんだ。

ほ乳類　背骨が上下に動く

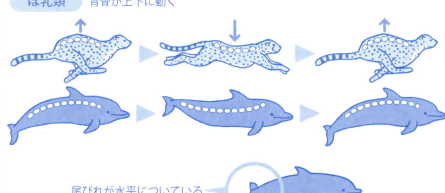

尾びれが水平についている

魚類　背骨が左右に動く

尾びれが垂直についている

問題 17 タコの特ちょうを表しているのは、どれ？

うで（あし）がたくさんあったり、すみをはいたり、タコとイカは、よく似ているね。でも、似ている部分も、細かく見ていくと、いくつかちがいがあるんだ。
次のア〜カのうち、タコの特ちょうを表しているものを、すべて選ぼう。

うでは8本。

すみのねばり気が弱い。

すみのねばり気が強い。

うでの吸ばんは、こんな形。

うでの吸ばんは、こんな形。

うでは10本。

答え 17　正解は アイエ

イカはうでが10本、タコはうでが8本、というのは知っている人も多いかな。それ以外の特ちょうも、1つずつ見ていこう。

イカ

うでは10本。

吸ばんの先に、ギザギザした歯のついた輪があり、えものにしっかりくいこむ。

すみは、ねばり気が強く、広がらない。

すみでできた分身に、敵が気を取られているすきに、にげる。

骨はない。
体内に「甲」とよばれる骨のようなものがある。

 ヤリイカの仲間　 コウイカの仲間

タコ

うでは8本。

吸ばんの内側は、筋肉でできていて、えものに吸いつく。

すみは、ねばり気が弱く、広がる。

すみで敵の視界をくらまして、にげる。

骨はない。
体内に甲はあるが、小さくて目立たない。

正確には、甲は骨ではなく、貝がらに近い物質なんだ。
タコやイカの祖先は貝がらを持っていたと考えられているよ。

絶めつのおそれがあるメダカ

童よう『メダカの学校』に歌われるなど、日本人になじみ深いメダカ。かつては、田んぼのあぜの小川や、浅い池や沼などのほか、大きな川でも、流れがゆるやかで水草がしげった浅いところなどに、多くすんでいたよ。けれども近年になって、こうしたすみかが、河川改修や護岸工事、田んぼの減少などにより失われつつあるんだ。

また、食料やペットにするなどの目的で外国から持ちこまれた「外来種」のアメリカザリガニやブラックバスに食べられたり、メダカと同じ環境にすむカダヤシに、すみかをうばわれたりして、近年メダカは急速にその数が減っているんだ。

すみかの減少

カダヤシ

外来種に食べられたり、すみかをうばわれる。

ブラックバス

アメリカザリガニ

メダカと似ているけれど、メダカより体が青っぽくて、尾びれが丸いのが特ちょう。

メダカは、環境省によって「絶めつのおそれのある野生生物」に指定されているよ。でも、だからといって飼っているメダカを川に放すのは厳禁だ。ペットとして売られているメダカは、もともと日本にすんでいたものではないので、川に放すと自然環境を乱す原因になってしまうからね。

問題 18 メダカの卵が育つ順番は？

水中の生き物の卵が育っていくようすを表したのが、下の㋐〜㋒だよ。さて、この中でメダカの成長を表しているのは、㋐〜㋒のうち、どれかな？

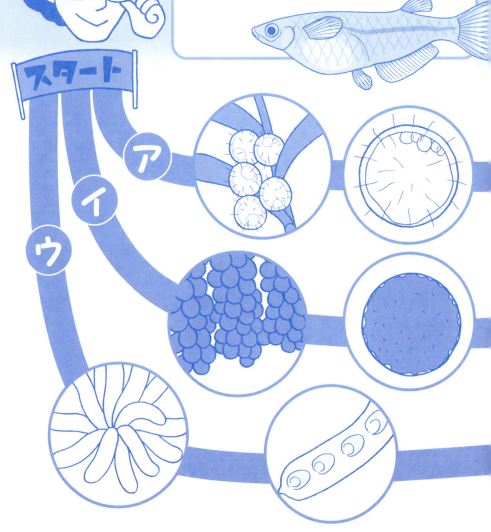

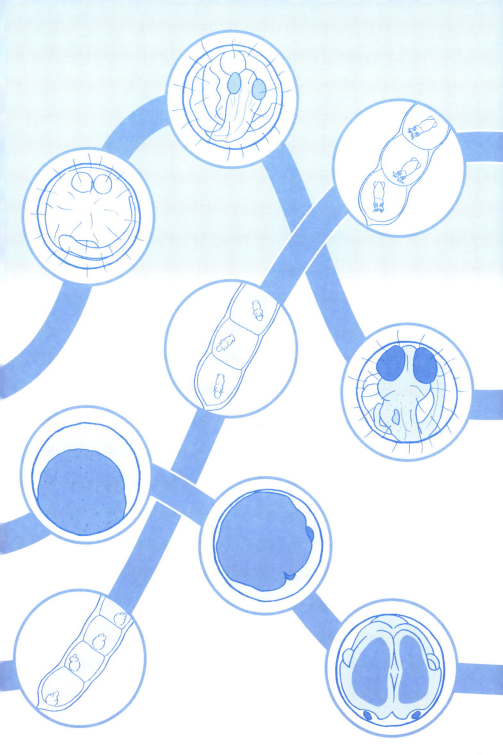

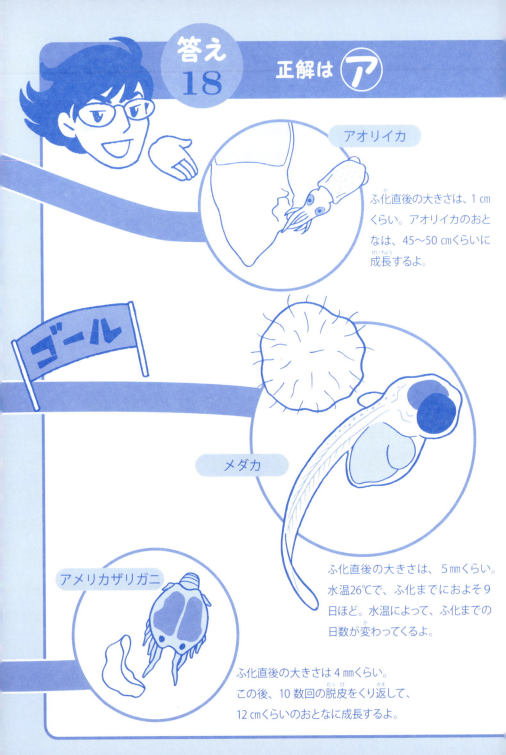

産卵のようす

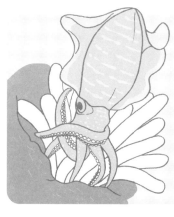

アオリイカ

海そうのしげみや、かれ枝のつもった海底に、卵を産むよ。卵は、細長いゼリーのような「卵のう」というふくろに、包まれているんだ。卵のうの長さは、およそ 10 〜 15 ㎝。1 つの卵のうには、5 〜 10 個くらいの卵が入っているよ。

メダカ

水草に卵を産みつけるよ。卵に細い糸のようなものがついていて、水草にひっかかるんだ。卵 1 つの大きさは、直径およそ 1 ㎜。一度に 20 〜 40 個ほどの卵を産むよ。

アメリカザリガニ

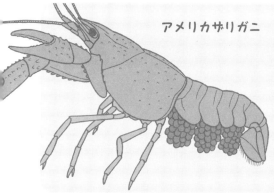

産んだ卵をおなかにくっつけて育てるよ。一度に 300 個ほどの卵を産むんだ。アメリカザリガニの赤ちゃんは、ふ化した後もあるていど大きくなるまで、お母さんのおなかにくっついたままなんだよ。

問題 19 だれの尾びれかな？

水中でくらす、いろいろな生き物でカードを作ったよ。尾びれの部分だけ、切りはなしてばらばらにしてある。①〜⑤の順に、㋐〜㋕の尾びれをならびかえよう。

① シャチ

㋐

② サケ

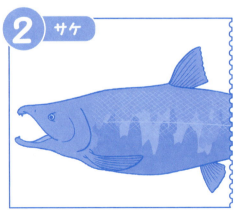

㋑

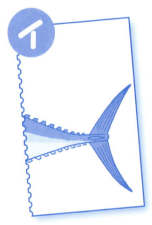

3 ジンベイザメ

ウ

4 アカエイ

エ

5 クロマグロ

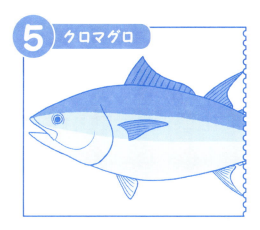

オ

45

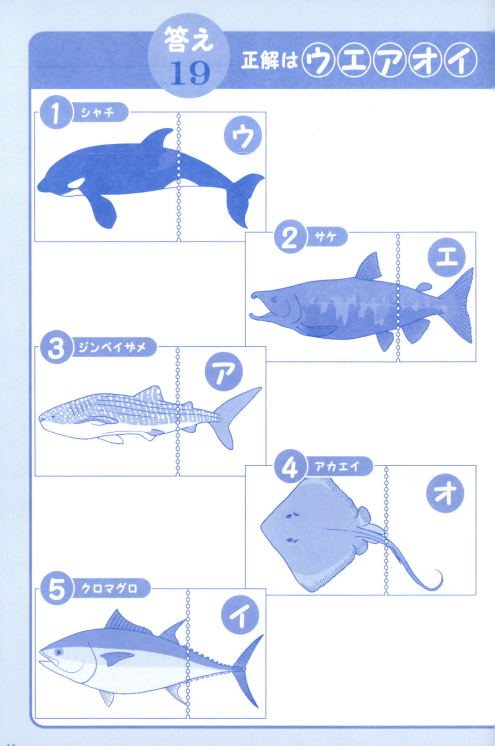

尾びれは、前に向かって泳ぐときに、もっともよく使うひれだよ。泳ぎ方、泳ぐ速さによって、その形が変わってくるんだ。速く泳ぐ魚に多い尾びれは、かたく、先が２つに分かれた尾びれ。ゆっくり泳ぐ魚に多い尾びれは、やわらかく、まん中のくぼんでいない大きな尾びれだ。

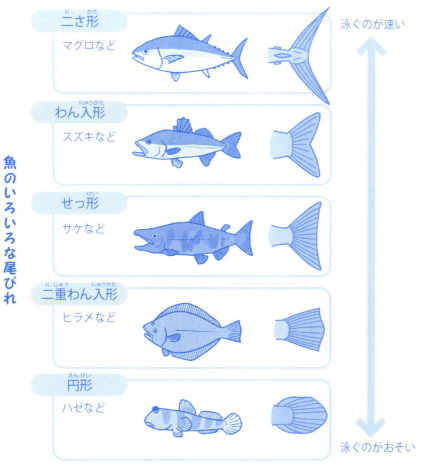

魚のいろいろな尾びれ

ここに紹介した以外にも、いろいろな形の尾びれがあるよ。調べてみよう！

食たくに上がる前の、海や川の生き物たち

海にかこまれた日本は、いろいろな海や川の生き物を、食材として親しんできたよ。そのまま生で食べるさし身や、すしのほかにも、干したり、焼いたり、加工したり…。毎日、何らかの形で、海の生き物が食たくに上がっているんだね。食べやすく加工される前は、どんな姿をしていたのかな？ 見てみよう！

カツオ
・かつお節
・さし身
・たたき
など…

クロマグロ
・さし身
・すし
など…

サケ
・さし身
・切り身
・イクラ（卵を加工）
など…

マダコ
・さし身
・酢だこ
など…

ホタテガイ
・すし
・干し貝柱
・缶づめ
など…

ニホンウナギ
・かば焼き
・うな重
など…

問題 20 シロナガスクジラは、何を食べる？

大きいもので体長30mにもなる、シロナガスクジラ。横から見た口の長さは、およそ6mもあるよ。
シロナガスクジラは、何を食べてこんなに大きくなるのだろう。
㋐〜㋓のうち、1つ選ぼう。

㋐ ほかのクジラを食べるんだと思う。

㋑ オキアミを食べるんじゃないかな。

㋒ コンブを食べるはずだよ。

㋓ マグロを食べるんだよきっと。

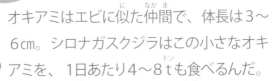

答え 20　正解は イ

オキアミはエビに似た仲間で、体長は3〜6cm。シロナガスクジラはこの小さなオキアミを、1日あたり4〜8tも食べるんだ。シロナガスクジラの上あごには、歯の代わりにひげ板がならんでいて、海水ごと口に入れたオキアミを、そのひげ板でこし取って食べるよ。

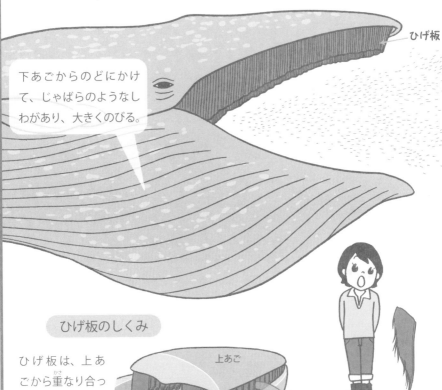

ひげ板

下あごからのどにかけて、じゃばらのようなしわがあり、大きくのびる。

ひげ板のしくみ

ひげ板は、上あごから重なり合ってたれ下がるようについているよ。

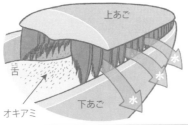

上あご / 舌 / 下あご / オキアミ / 水

ひげ板1枚の長さは、およそ70cm。

問題 21 クロマグロの卵は、どれ？

すしや、さし身で人気のクロマグロは、大きいもので全長3m、体重は400kgにもなるよ。
次のア～エのうち、クロマグロの卵は、どれかな？

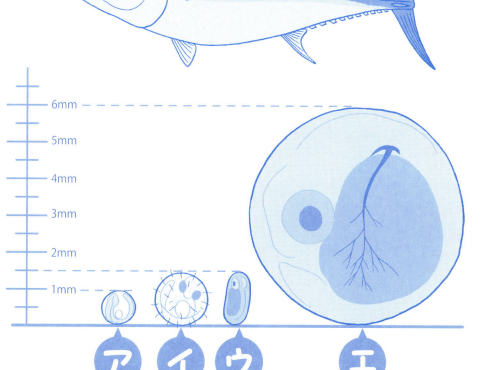

答え 21　正解は ア

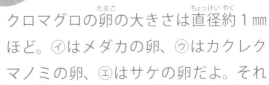

クロマグロの卵の大きさは直径約1mmほど。①はメダカの卵、⑦はカクレクマノミの卵、②はサケの卵だよ。それぞれ成長すると、メダカは全長約3.5cm、カクレクマノミは全長約9cm、サケは全長約80cm。大きくなる魚の卵が大きい、とはかぎらないんだね。

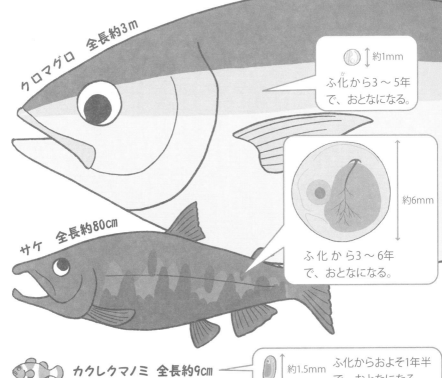

クロマグロ 全長約3m

約1mm
ふ化から3〜5年で、おとなになる。

サケ 全長約80cm

約6mm
ふ化から3〜6年で、おとなになる。

 カクレクマノミ 全長約9cm — 約1.5mm　ふ化からおよそ1年半で、おとなになる。

メダカ 全長約3cm — 約1.5mm　ふ化から2〜5か月で、おとなになる。

問題 22 ヤドカリが選ぶ貝がらは、どれ？

貝がらを背負ってくらしているヤドカリは、ときどき新しい貝がらに引っこしをするよ。
今、まさに引っこしをしようとしているヤドカリがいる。このヤドカリはア～エの貝がらのうち、どれを引っこし先に選ぶかな？

答え 22　正解は ウ

ヤドカリは、成長するにしたがって、きゅうくつになった貝がらから、大きくて自分の体に合った貝がらへと、引っこしをするんだ。からっぽの巻き貝を見つけると、はさみやあしを使って、自分の体に合う大きさかどうか、調べるよ。穴があいたり、こわれていないかどうか、確認するのも大事なんだ。

小さすぎて、体に合わない。

巻き貝ではない。

きれいで、大きさもちょうど良い。

穴があいている。

引っこしの手順

はさみを貝がらの入口に当てて、大きさをチェック。

チェックがすむと、中にたまった砂を出す。

新しい貝がらに腹を差しこみ、引っこす。

すみ心地を確かめている間は、古い貝がらを放さない。

問題 23 アカエイの骨は、どれ？

まるで座ぶとんにしっぽがついたような、おもしろい形をしたアカエイは、魚の仲間だよ。でも、アカエイの胸びれの部分の骨は、ふつうの魚とはちがっているんだ。どんな骨なのかな？

胸びれ

ア　平たい1枚の骨なんじゃないかな。

イ　やわらかそうだから、骨はないと思うよ。

ウ　細くてやわらかい骨が、いっぱいあるんだよ。

答え 23 正解は ウ

アカエイは、胸びれがとても大きく発達していて、体をぐるりと、とりかこんでいるよ。多くの魚は、かたい背骨を持っているけれど、アカエイなどのエイの仲間は、全身の骨がやわらかい「なん骨」で、できているんだ。その中でも胸びれは、とても細いなん骨が、あみの目のようにならんでいるよ。

この胸びれをヒラヒラと動かして、海底をすべるように移動するんだ。

メモ

サメとエイの見分け方

サカタザメやウチワザメなど、エイの仲間には名前に「サメ」とついているものもいるよ。また、ノコギリエイは一見サメのような形をしている。姿形が似ているサメとエイを分けるポイントは、えらあなの位置だ。サメはえらあなが体の側面についていて、エイはえらあなが体の腹面についているよ。サメも全身が、なん骨でできているよ。

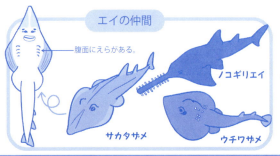

問題 24 ニホンウナギは、どこを回遊する？

海や川でくらす生き物が、えさを探したり、産卵したりするために移動し、広い海を泳ぎまわることを「回遊」というよ。次の㋐〜㋓のうち、ニホンウナギの回遊を表しているのは、どれかな？

ニホンウナギは海で生まれ、川に上って成長し、産卵のためにふたたび海にもどるよ。

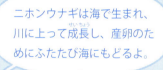

57

答え24 正解は ウ

ニホンウナギは、日本から南へ2000kmはなれた、マリアナ諸島の西の深い海で産卵するよ。生まれたばかりのウナギは、レプトケファルスとよばれ、北赤道海流、そして黒潮に乗って移動するんだ。成長した子どものウナギはシラスウナギとよばれ、上流まで川をさかのぼる。川の岩かげなどで、約10年かけておとなのウナギになると、産卵のために、ふたたび海へもどっていくんだ。

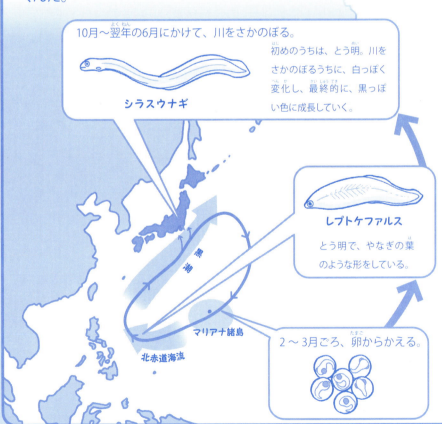

10月～翌年の6月にかけて、川をさかのぼる。
シラスウナギ
初めのうちは、とう明。川をさかのぼるうちに、白っぽく変化し、最終的に、黒っぽい色に成長していく。

レプトケファルス
とう明で、やなぎの葉のような形をしている。

2～3月ごろ、卵からかえる。

マリアナ諸島
北赤道海流
黒潮

問題 25 モリアオガエルがつくるあわは、何のため？

モリアオガエルは、ふだんは林の中でくらしているよ。そのモリアオガエルが、池のほとりにやってきて、木の枝に集団であわをつくり始めた。
何のための、あわなのかな？

ア 中で冬眠するんだよ。

イ えさをとるための、わなだよ。

ウ 中に卵を産むんじゃないかな。

答え 25 正解は ウ

モリアオガエルは、「卵かい」というあわをつくり、中に卵を産むよ。ふつう、1ぴきのメスに、複数のオスがおぶさり、メスが出すねん液をオスが足でかきまぜて、あわを作るんだ。中に産みつけられた卵は、1〜2週間後にふ化して、オタマジャクシになる。オタマジャクシは、下の池に落ちて泳ぎ出すよ。

産卵は、4〜7月。水面にはり出した木の枝の上で、行われる。

1ぴきのメスに、複数のオスがおぶさり、あわを作る。メスはその中に産卵する。

1〜2週間後、あわの中で卵がかえり、オタマジャクシは下の池に落ちる。

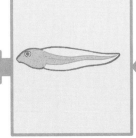

オタマジャクシでいるのは、およそ1か月。

体長20mmほどのカエルになると、陸に上がってくらし始める。

問題 26　赤ちゃんメダカの、腹のふくらみは何？

卵からかえったばかりのメダカの腹には、大きなふくらみがあるよ。このふくらみは、何かな？

ア 空気が入っているんじゃないかな。

イ 養分が入っているんだよ。

ウ 内臓が入っているんだと思うな。

エ 水が入っているのかも。

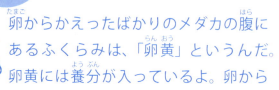

卵からかえったばかりのメダカの腹にあるふくらみは、「卵黄」というんだ。卵黄には養分が入っているよ。卵からかえったメダカは、2〜3日の間、エサは食べずに卵黄の養分で育つんだ。

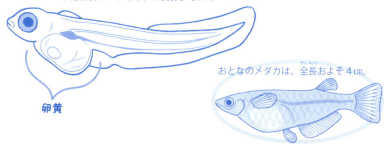

ふ化直後のメダカは、体長およそ5mm。

おとなのメダカは、全長およそ4cm。

卵黄

メダカ以外の魚の多くも、卵からかえった直後は卵黄を持っているよ。サケの子どもは、とても大きな卵黄を持っていて、生まれてから2か月くらいは、何も食べずに育つんだ。

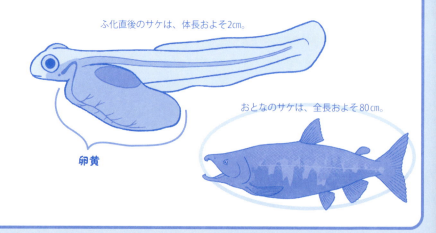

ふ化直後のサケは、体長およそ2cm。

おとなのサケは、全長およそ80cm。

卵黄

問題 27 シャチの胸びれの骨は、どうなっている？

ときには海岸にいるアシカの仲間をおそうなど、どうもうな印象があるシャチ。でも、とても頭が良く、水族館のショーで活やくすることもあるよ。
さて、シャチの胸びれの骨は、どうなっているのかな？ 次の㋐～㋒から、選ぼう。

答え 27　正解は ウ

シャチは、クジラやイルカの仲間。つまり、わたしたちと同じほ乳類だ。海でのくらしに適した体のつくりになっているけれど、骨の形などに、わたしたちと似た部分があるよ。シャチやクジラ、イルカの胸びれは、ヒトのうでにあたるんだ。だから、中の骨は5本の指に分かれている。親指の骨が退化して、4本の指しかない種類もいるよ。

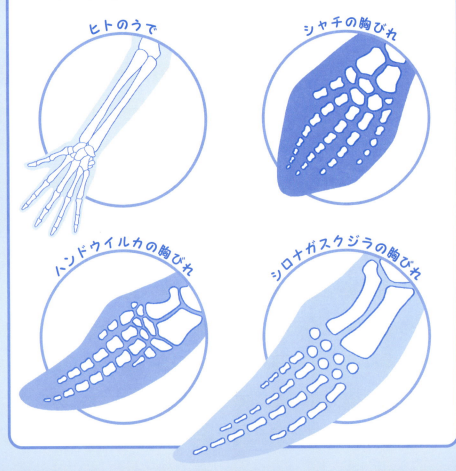

ヒトのうで　シャチの胸びれ　ハンドウイルカの胸びれ　シロナガスクジラの胸びれ

問題 28 オウムガイは、何の仲間？

何億年も昔の姿と変わらないことから、「生きている化石」とよばれているオウムガイ。さて、オウムガイは、何の仲間かな？

ア からがあるもん、貝の仲間だよ。

イ うでがいっぱいあるから、イカやタコの仲間かな。

ウ 意外と、イソギンチャクの仲間だったりして。

答え 28　正解は イ

巻き貝のようなからがあるけれど、オウムガイはイカやタコの仲間といわれているんだ。巻き貝とオウムガイでは、からのしくみがちがうよ。

オウムガイのからの断面図

部屋と部屋の間には、細い管が通っている。

この部分に、胴が収まっている。

小さな部屋に分かれている。部屋の中には、気体がつまっているので、オウムガイは、浮くことができる。

巻き貝のからの断面図

部屋に分かれていない。巻き貝は、浮くことができない。

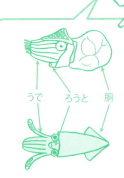

うで　ろうと　胴

オウムガイのからをのぞいた姿を見ると、イカやタコの仲間だということが、よくわかるね。

問題 29 この魚の模様は、縦じま？ 横じま？

この魚は、サンゴしょうにすむキンチャクダイの仲間だ。この魚の体にある模様は、縦じまかな？ それとも、横じまかな？

ア 縦じま

イ 横じま

答え 29　正解は ア

この魚の名前は、タテジマキンチャクダイ。そう、縦じまなんだ。しま模様の向きは、体の軸との関係で決まるよ。魚やほ乳類などの背骨を持つ生き物は、背骨を軸として考えるんだ。背骨を軸に、頭を上にして、背骨と平行なら縦じま、背骨と垂直なら横じまだよ。

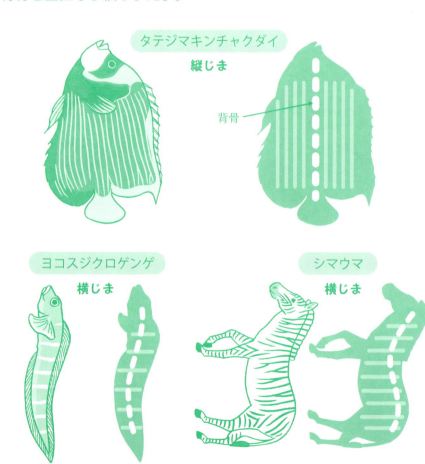

問題30 クロマグロが泳ぎ続けるのは、なぜ？

クロマグロは一生止まることがなく、休まずに泳ぎ続けるよ。それは、どうしてかな？

夜もずーっと泳いでいるよ。

ア 止まると、しずんじゃうのかも。

イ 止まると、浮かび上がっちゃうんだよ。

ウ 止まると、心臓も止まっちゃうんだと思うな。

エ 止まると、呼吸ができなくなるのかも。

答え 30　正解は エ

魚はえらに水を送って、水の中の酸素を取りこんで呼吸するよね。クロマグロは泳いでいないと、えらに水を送ることができないんだよ。メダカなどの魚は、口からえらに水を送るために、えらぶたを開いたり閉じたりできるけれど、クロマグロはできないんだ。だからクロマグロが呼吸をするためには、口を開けて泳ぎ続けなければならないんだね。

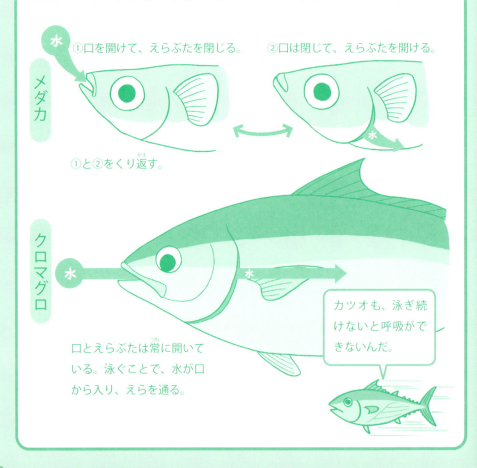

メダカ
①口を開けて、えらぶたを閉じる。
②口は閉じて、えらぶたを開ける。
①と②をくり返す。

クロマグロ
口とえらぶたは常に開いている。泳ぐことで、水が口から入り、えらを通る。

カツオも、泳ぎ続けないと呼吸ができないんだ。

問題 31 この特ちょうを持つ生き物は、どれ？

下の黒板に、ある生き物の特ちょうを5つ書き出してみたよ。
この特ちょうをすべて持っている生き物は、⑦～⓪のうち、どれかな？

- 子どものときは、えら呼吸、おとなになると肺呼吸。
- 「生きている化石」とよばれている。
- 一生、水の中でくらす。
- 全長、１５０cmくらいになるものもいる。
- 国の特別天然記念物に指定されている。

⑦ オウムガイ

④ ニホンアマガエル

⑨ オオサンショウウオ　　④ サワガニ

答え31　正解は ウ

オオサンショウウオは、形が約3000万年前の化石と、ほとんど変わらないことから「生きている化石」とよばれているよ。全長はおよそ30〜150cm。子どものころはえら呼吸で、おとなになると肺呼吸に変わる。カエルと同じ「両生類」だよ。山間のきれいな川など、水の中で一生を過ごすんだ。貴重な生き物として保護される、国の特別天然記念物に指定されているよ。

攻げきされると、体中から、白い液を出すことがある。この液のにおいが、植物のサンショウのにおいと似ていることから、「サンショウウオ」という名前がついたともいわれている。

皮ふからも、酸素を取りこむことができる。

大きな口に、小さな目。
サワガニや川の魚、カエル、昆虫などを食べる。

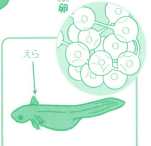

卵
えら
ふ化直後の体長は、約3cm。えらがあり、足はまだ生えていない。

法律で定められた天然記念物は約1000点。このうち、世界的、国家的に価値が特に高いものが「特別天然記念物」に指定されるよ。オオサンショウウオやホタルイカなど、21件の動物が指定されているんだ。

問題 32 ヒラメの目があるのは、左側？ 右側？

海底にすんでいるヒラメの仲間は、体が平たくて、両目が体の片側についているのが、大きな特ちょうだ。
では、ヒラメの目があるのは、体の左側かな？ それとも、右側かな？

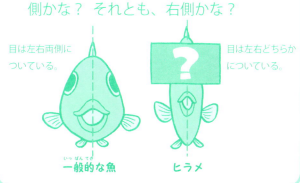

目は左右両側についている。
一般的な魚

目は左右どちらかについている。
ヒラメ

ア 左側

イ 右側

73

答え 32　正解は ア

ヒラメの仲間は、両目が体の左側についているんだ。ヒラメとよく似た魚のカレイは、両目が体の右側についている。ただし、例外もあるよ。ザラガレイやダルマガレイなど、ヒラメの仲間だけれど、カレイと名前がついている。ボウズガレイは、両目が左側についているものと右側についているもの、両方いるんだ。ちょっとややこしいね。

ヒラメ
両目とも、体の左側についている。

カレイ
両目とも、体の右側についている。

どちらも、目のある側の体の色は、「保護色」といって、周りに合わせた色に変えることができるよ。けれども、目のない側の体の色は、白いんだ。

ヒラメもカレイも、海底に寝そべるようにして、天敵やえものから身をかくすよ。そのために、体は平たく、海底の砂や泥と同じような色をしているんだね。

問題 33 ホホジロザメの歯が、いつもするどいのは、なぜ？

攻げき的な性格で、おそれられているホホジロザメ。えものをとらえるためには、大事な歯をいつもするどく保たなければならないよ。
どんなふうに、保っているのかな？

ア 歯が、一生のび続けるよ。

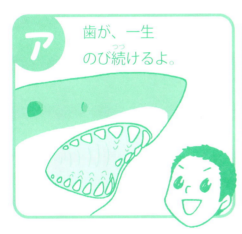

イ 海そうで、歯みがきしているのかも。

ウ 岩で歯をといでいるんだと思うな。

エ するどい歯が、つぎつぎと生えかわるんだよ。

答え33　正解は エ

ホホジロザメの歯は、つぎつぎと新しい歯に生えかわっているんだよ。あごの中で新しい歯がつくられ、歯ぐきにそって外側へと移動する。その歯があごの一番外側まであがってきたら、古い歯は抜け落ちるんだ。生きているかぎり、ずっと歯が生えかわり続けるよ。一生で、3万本以上の歯が生えかわるといわれているよ。

サメのあごの断面

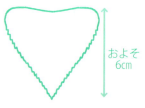

およそ6cm

歯のふちは、のこぎりのようなギザギザがある。

問題 34 成長とともに名前が変わる魚を、何という？

食材としておなじみのブリは、子どものころは、ちがう名前でよばれていたんだ。成長とともによび名が変わっていき、おとなになると、ブリとよばれるよ。
ブリのように、名前が変わっていく魚のことを、何というのかな？

ア 出世魚
イ 転職魚
ウ 改名魚
エ 引っこし魚

答え 34　正解は ア

戦国時代の武将が出世するたびに名前を変えたように、成長するにしたがってよび名が変わる魚のことを、「出世魚」というんだ。ボラやスズキ、ブリなどがその代表だよ。ブリは、地方ごとに、とてもたくさんのよび名があるんだ。

ブリのおもなよび名

地方	よび名の変化
東北	アオッコ → ショッコ → ワラサ → ブリ
関東	ワカシ → イナダ → ワラサ → ブリ
北陸	コズクラ → フクラギ → ガンドウ → ニマイヅル → ブリ
関西	モジャコ → ツバス → ハマチ → メジロ → ブリ
九州	ワカナゴ → ヤズ → コブリ → ブリ

ブリは、名前だけでなく姿形も大きく変わるよ。子どものときは、黄色っぽい体に、赤茶色の横じまが入っているんだ。おとなになると、背が暗い青色、腹は白色で、そのさかい目に、黄色っぽい縦おびが入るね。

ここで紹介したよび名は、一例だよ。このほかにも、いろいろなよび名があるんだ。

この魚も出世魚

ボラ
ハク→オボコ→スバシリ→イナ→ボラ→トドなど…

スズキ
セイゴ→フッコ→スズキなど…

問題 35 ホタテガイの目は、どこにある？

貝柱など、食材として人気があるホタテガイ。ホタテガイは、明るさを感じる「眼点」という目を持っているよ。どこにあるのかな？

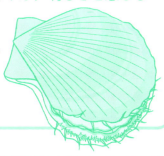

ア カタツムリみたいに、にょきっと出てくるんだよ。

イ からの内側のまくに、あるんじゃないかな。

ウ からの表面に、あるのかも。

エ しょく手の先に、あるんだと思うな。

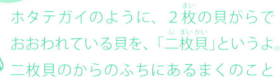

答え 35　正解は イ

ホタテガイのように、2枚の貝がらでおおわれている貝を、「二枚貝」というよ。二枚貝のからのふちにあるまくのことは、「外とうまく」というんだ。ホタテガイの目は、外とうまくの周りにおよそ60〜100個、ならんでいるんだ。たくさんの黒い点のようなものが、目だよ。それぞれの目が、明るさや影の動き、そして、おぼろげながら物の形もとらえている、といわれているよ。

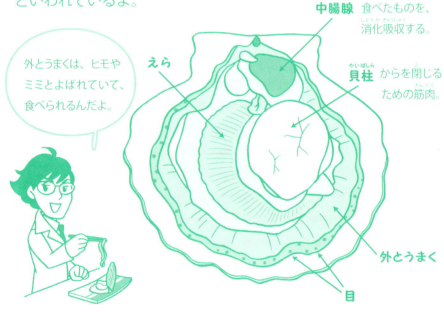

外とうまくは、ヒモやミミとよばれていて、食べられるんだよ。

中腸腺 食べたものを、消化吸収する。
貝柱 からを閉じるための筋肉。
えら
外とうまく
目

同じ二枚貝でも、アサリやシジミなど、ホタテの仲間以外の貝のほとんどは、目を持たないよ。

一見、目のように見えるこの部分は、水を出し入れする管なんだ。

問題 36 クラゲに一番近い生き物は？

ゼリーのようにすきとおった体で、フワフワと海の中をただようクラゲ。きれいだけど、毒針を持つものもいるから、さわっちゃだめだよ。次のア〜エのうち、クラゲに一番近い生き物は、どれかな？

アカクラゲ

ア　イカ

イ　ヒトデ

ウ　イソギンチャク

エ　タコ

81

答え36　正解は ウ

クラゲが持つ毒針は「しほう」といって、さされると、しびれたり、はれていたかったりするんだ。クラゲは、このしほうで、外敵から身を守ったり、えものをとらえたりするんだね。しほうを持つ生き物のグループを「しほう動物」というよ。イソギンチャクやサンゴも、しほう動物だよ。

しほう動物の体の特ちょう

ふくろのようなつくりの体で、しょく手を持つ。しょく手には、しほうがある。口から食べたものは、全体が胃ぶくろのような体の中で消化・吸収され、消化しきれなかった食べかすは、口からはき出されるよ。

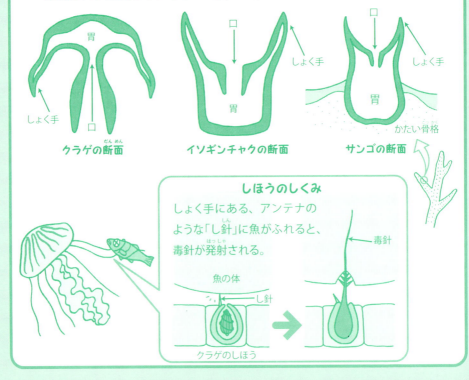

クラゲの断面　　イソギンチャクの断面　　サンゴの断面

しほうのしくみ

しょく手にある、アンテナのような「し針」に魚がふれると、毒針が発射される。

問題 37 タツノオトシゴの変わった子育て法は、どれ？

とってもふしぎな形をしている、タツノオトシゴ。これでもれっきとした魚だよ。タツノオトシゴは、子育て法も変わっているんだ。どんな子育て法かな？

ア 体の表面から出るねん液を、子どもに食べさせるよ。

イ オスが口の中に卵を入れて育てるんだ。

ウ オスが腹のふくろに卵を入れて育てるよ。

エ オスが水面にあわで巣をつくり、その中で子育てするよ。

答え37　正解は ウ

タツノオトシゴのオスは、おなかにふくろを持っていて、メスはその中に卵を産むんだ。オスは、ふくろの中で卵を育て、ふ化させ、2〜6週間後に赤ちゃんを出産するんだよ。

メスがオスの
ふくろに卵を産む。

オスはふくろの
中で、卵を育てる。

2〜4週間後、オスは体を
折り曲げるようにして、
赤ちゃんを出産。

いろいろな魚の子育て法

ディスカス
体の表面から出る、
ねん液を子どもに食べさせる。

キンセンイシモチ
オスが口の中に
卵を入れて育てる。

ベタ
オスが水面にあわで
巣をつくり、その中で
子育てをする。

外国からやって来た、生き物たち

もともとその土地にいなかった生き物のことを「外来種」というよ。食用にするためや、釣りを楽しむために、人の手によって外国から持ちこまれたりして、そのまますみついたんだね。ペットとして飼われていたものが、にげ出したり、放されたりして、すみつくこともあるよ。もともとその土地にすんでいた生き物を食べてしまったり、そのすみかをうばったりすることで、問題になっているんだ。

もともとその土地にすんでいた生き物のことは、「在来種」というよ。

アメリカザリガニ　北アメリカ原産

ウシガエルのえさとして、持ちこまれたものが、にげ出し野生化したといわれている。在来種の虫や魚のほか、水草などを食べてしまう。また、ザリガニカビ病を、在来種のニホンザリガニにうつしてしまうことなども問題になっている。

オオクチバス　北アメリカ原産

「ブラックバス」ともよばれる。釣りを楽しむために放流されたといわれている。在来種の魚を食べてしまうことで問題になっている。

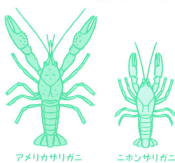

アメリカザリガニ　　ニホンザリガニ

在来種のニホンザリガニは、アメリカザリガニより小さく、色も茶色っぽいよ。きれいな水にしか、すめないんだ。近年はその数が減少し、絶めつ危ぐ種に指定されているよ。

スクミリンゴガイ　南アメリカ原産

「ジャンボタニシ」ともよばれる。食用として持ちこまれたものが、にげ出して野生化したといわれている。水田のイネを食いあらしてしまうことが、問題になっている。

問題 38 だれの卵かな？

水にすむ生き物には、卵を産む仲間が多くいるね。
次の①〜⑤の生き物の卵は、㋐〜㋔のどれかな？ 順番にならびかえよう。

ヒント　水田や池の水草に、産みつけられるよ。

約1.3〜2mm

㋐

ヒント　海でくらす、肉食の魚だよ。

約12mm

㋑

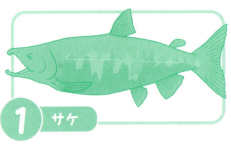

① サケ

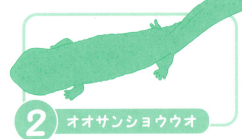

② オオサンショウウオ

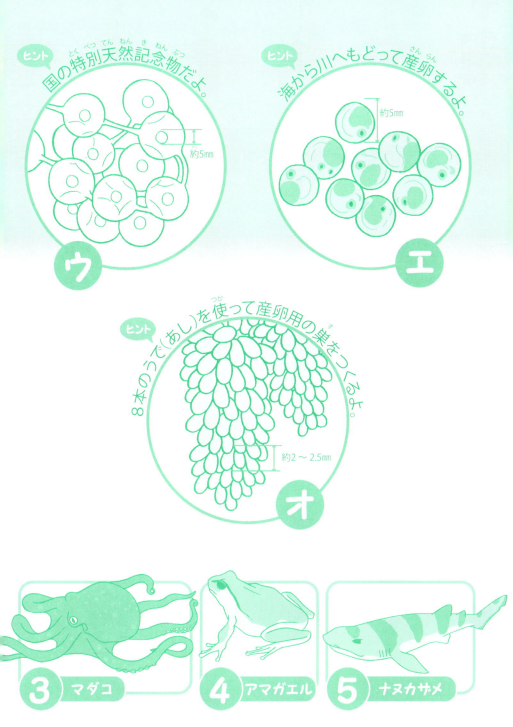

答え38 正解は エウオアイ

1 サケ

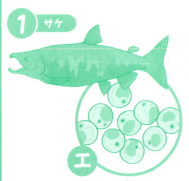

尾びれで川底をほって、じゃりの中におよそ2000〜5000個の卵を産卵するよ。卵は2か月ほどでふ化するんだ。子ども時代を川で過ごしたあと、海へ下り、4年ほど海でくらす。おとなになって、ふたたび自分が生まれた川へ、もどってくるよ。

ふ化直後のサケ。体長およそ2cm。

2 オオサンショウウオ

卵は、「卵のう」というゼリー状のまくに包まれているよ。卵の世話は、オスの仕事。卵は、およそ2か月でふ化するんだ。ふ化直後はえら呼吸で、おとなになると、肺呼吸に変わるよ。

ふ化直後のオオサンショウウオ。体長およそ3cm。

3 マダコ

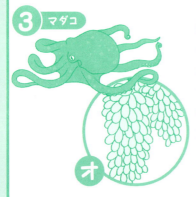

岩穴などに、貝がらや小石を積んで巣をつくり、その中に産卵するよ。一度に数万から10万個ほどの卵を産むといわれているんだ。卵はブドウのふさ状で、天井からたれ下がるように、産みつけられる。卵がかえるまで、メスは巣にこもって何も食べずに、卵を守るよ。

ふ化直後のマダコ。体長およそ3mm。

④ アマガエル

卵は、ゼリー状のまくでおおわれているよ。水草に少しずつ卵を産むんだ。2〜3日でふ化して、オタマジャクシになる。ふ化からおよそ18日で後ろ足、およそ25日で前足が生えるんだ。尾が体に吸収されて、カエルの形になると、陸に上がるんだね。

ふ化直後のオタマジャクシ。体長およそ7mm。

⑤ ナヌカザメ

一度に1〜2個の卵を産むよ。卵の入ったふくろの四すみには、らせん状になったひものようなものがのびていて、海そうや、サンゴにからみつく。10か月ほどでふ化した子どもは、おとなのナヌカザメとほとんど同じ体型をしているんだよ。

ふ化直後のナヌカザメ。体長およそ15cm。

ナヌカザメの卵が入っていたふくろは、浜に打ち上げられることがあって、「人魚の財布」なんてよばれたりするんだ。

問題 39 どこにすむ生き物かな？

ひとくちに海や水辺といっても、いろいろな環境があるよね。①〜⑤の場所にくらしているのは、㋐〜㋔のどれかな？ ①〜⑤の順番に、ならべてみよう。

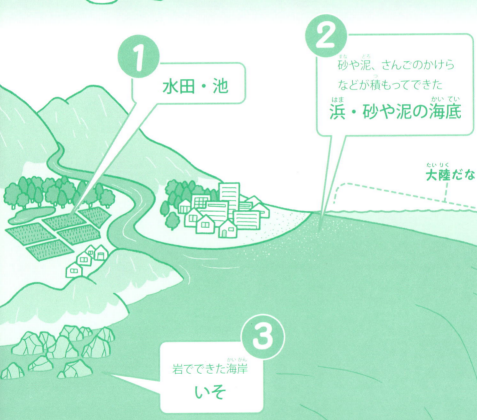

1 水田・池

2 砂や泥、さんごのかけらなどが積もってできた
浜・砂や泥の海底

大陸だな

3 岩でできた海岸
いそ

答え 39　正解は オウエアイ

海水や淡水、そして深さや、水の温度など、生き物がすむ環境はさまざま。

生き物は、すむ環境に適した体のつくりになっているんだ。ただし、サケやウナギなどの回遊魚は、成長とともにすむ環境を変えるよ。

サンゴしょう あたたかい海に、サンゴの骨格などが積み重なってできた地形。

タテジマキンチャクダイ

ホンソメワケベラ

大陸のまわりに発達している、水深200mくらいまでの台地を、「大陸だな」というよ。海岸から大陸だなのふちまでの海を「沿岸」、それより外側の海を外洋というんだ。

沿岸〜外洋

ブリ

外洋 ④

カツオ
ジンベイザメ
ア クロマグロ

⑤ 深海
イ ダイオウグソクムシ

93

さくいん

あ

アオザメ --------------- 56
アオッコ --------------- 78
アオリイカ ------------ 42,43
アカエイ ---------------
　　　　31,45,46,55,56,91,92
アサリ --------------- 80
アシカ --------------- 63
アフリカゾウ ----------- 18
アマガエル ------ 19,20,87,88
アメリカザリガニ---------
　　　　　　11,39,42,43,85
イカ ---- 25,27,37,38,65,66,81
イクラ --------------- 48
イソギンチャク ---------
　　　　　21,22,65,81,82,92
イナ --------------- 78
イナダ --------------- 78
イルカ -------- 32,35,36,64
ウシガエル------------ 85
歌ぶくろ------------ 10
ウチワザメ ------------ 56
うで ---- 26,37,38,64,65,66,87
ウナギ -------- 23,24,58,92
ウミガメ----------- 27,28
海のカナリア ----------- 31
うろこ ------------- 23,24
エイ --------------- 32,56
エビ -------- 11,12,29,30,50
えら ---------------
　　7,8,14,20,27,28,32,56,70,72,80
えら呼吸---------------
　　　　7,20,27,28,71,72,88
えらぶた----------- 7,8,70
円形（尾びれ）---------- 47
オウムガイ ------ 65,66,71
オオグソクムシ ------- 91,93
オオクチバス ---------- 85
オオサンショウウオ-------
　　　　　　　71,72,86,88
オキアミ------------ 49,50

か

オタマジャクシ ---- 20,60,89
お乳 --------------- 32
尾びれ ---------------
　　　　6,35,36,39,44,47,88
オボコ --------------- 78

外とうまく------------ 80
回遊 --------------- 57
外来種 ------------- 39,85
カエル ------ 9,10,20,72,89
カクレクマノミ ------- 21,52
カダヤシ ------------- 39
カツオ ------------ 48,70,93
カニ ---- 11,12,16,27,29,30
カバ ------------- 31,32
カレイ --------------- 74
ガンドウ------------- 78
眼点 --------------- 79
吸ばん ------------ 37,38
共生 --------------- 22
魚類 ------------- 32,36
キンセンイシモチ------- 84
キンチャクダイ --------- 67
クジラ --------- 32,49,64
クマノミ------------- 22
クラゲ ------------ 81,82
クロマグロ---------------
　　31,45,46,48,51,52,69,70,91,93
甲 --------------- 38
コウイカ ------------ 38
コズクラ ------------ 78
コブリ ------------ 78
コンブ --------------- 49

さ

さいは -------------- 8
さい弁 -------------- 8
在来種 ------------- 85
サカタザメ ----------- 56

さ

サケ ---------------
　　44,46,47,48,52,62,86,88,92
サメ ------------ 27,32,56
ザリガニ------ 11,12,33,34,92
サワガニ------ 12,15,16,71,72
サンゴ ------------ 82,89,93
サンゴしょう ------ 21,67,93
サンショウウオ --------- 72
シジミ --------------- 80
し針 --------------- 82
十きゃく目----------- 12,30
しほう --------------- 82
しほう動物 ----------- 82
シマウマ------------ 68
シャチ ---------------
　　　　27,28,32,44,46,63,64
ジャンボタニシ --------- 85
出世魚 ------------- 77
しょく手----------- 22,82
しょっ角----------- 30,34
ショッコ ------------ 78
シラスウナギ ------- 24,58
しりびれ------------ 6
シロイルカ --------- 31,32
シロナガスクジラ---------
　　　　　17,18,49,50,64
ジンベイザメ ---- 31,45,46,93
スイレンクザガエル------ 10
スクミリンゴガイ-------- 85
スズキ ------------ 47,78
砂浴び ------------ 33,34
スバシリ------------ 78
すみ ------------ 26,37,38
セイゴ ------------ 78
せつ形 ------------ 47
絶めつ危ぐ種 --------- 24
絶めつのおそれのある野生生物
　　　　　　　------- 39
背骨 ------------ 36,68
背びれ ------------ 6
そうじ魚 ----------- 14

た

タコ -------- 37,38,65,66,81
タツノオトシゴ ------- 83,84
脱皮 ----------- 33,34,42
タテジマキンチャクダイ ----
　　　　　　　　　　68,93
卵 -------------------
　　　　16,19,20,30,43,48,51,
　　　　52,57,58,59,60,61,62,
　　　　72,83,84,86,87,88,89
ダルマガレイ ---------- 74
中腸腺 ------------- 80
聴のう ------------- 34
チョウチョウウオ------- 22
ツバス ------------- 78
ディスカス ----------- 84
頭胸部 ------------- 30
冬眠 -------------- 59
毒 --------------- 24
毒針 ------------ 22,81
特別天然記念物 ---- 71,72,87
トド -------------- 78
トノサマガエル -------- 9,10

な

ナヌカザメ --------- 87,89
なん骨 ------------- 56
二さ形 ------------- 47
二重わん入形 --------- 47
ニセクロスジギンポ------ 14
ニホンアマガエル----- 10,71
ニホンウナギ ---------
　　　　　　23,24,48,57,58
ニホンザリガニ --------- 85
二枚貝 ------------- 80
二マイヅル----------- 78
人魚の財布----------- 89
ヌマガエル ---------- 10
ねん液 ------- 22,24,60,84
ノコギリエイ ---------- 56

は

肺呼吸 ------- 20,28,71,72,88
ハク -------------- 78
はさみ ----------- 16,54
はさみあし ---------- 30
ハゼ -------------- 47
ハマチ ------------- 78
腹びれ -------------- 6
ハンドウイルカ --------- 64
ひげ板 ------------- 50
ヒトデ ------------- 81
ヒラメ ------- 47,73,74,92
ひれ ------------ 26,35
ふ化 --------------
　　　　16,20,42,43,52,60,
　　　　62,72,84,88,89
フクラギ------------ 78
フッコ ------------- 78
ブラックバス -------- 39,85
腹し -------------- 30
ブリ ------------ 8,78,93
へそ -------------- 32
ベタ -------------- 84
ボウズガレイ --------- 74
歩きゃく----------- 30
保護色 ------------- 74
ホタテガイ ------- 48,79,80
ホタルイカ ----------- 72
ほ乳類 -------- 32,36,68
ホホジロザメ -------- 75,76
ボラ -------------- 78
ホンソメワケベラ----------
　　　　　　　　　13,14,93

ま

巻き貝 -------- 29,30,54,66
マグロ -------- 32,47,49
マダコ -------- 48,87,88
胸びれ ---- 6,35,55,56,63,64
鳴のう ------------- 10

や

ヤズ -------------- 78
ヤドカリ------------
　　　　29,30,53,54,91,92
ヤリイカ ------------ 38
ヨコスジクロゲンゲ------ 68

ら

卵黄 -------------- 62
卵かい ------------- 60
卵のう ----------- 43,88
両生類 ------------- 72
レプトケファルス------- 58
ろうと ---------- 26,66

わ

ワカシ ------------- 78
ワカナゴ------------ 78
ワラサ ------------- 78
わん入形 ----------- 47

メジロ ------------- 78
モジャコ ------------ 78
モリアオガエル ------ 59,60

多田歩実

イラストレーター。本書では文章・デザインも担当。
主な仕事に『ビジュアルガイド明治・大正・昭和のくらし③』(汐文社)
『シゲマツ先生の学問のすすめ』(岩崎書店)、『日本地図めいろランキング』(ほるぷ出版)
『占い大研究』(PHP研究所)、『にほんのあそびの教科書』(土屋書店)など。

参考文献一覧

『実験はかせの理科の目・科学の芽2動物と友だちになろう』
『実験はかせの理科の目・科学の芽6生き物のくらしと自然』
『実験はかせの理科の目・科学の芽13動物と人のたんじょう』大竹三郎・著(国土社)
『いたずらはかせの科学の本4 足はなんぼん?』
『いたずらはかせの科学の本5 にている親子・にてない親子』板倉聖宣・著(国土社)
『校外活動ハンドブック②ウォッチング』江橋慎四郎・監修　永吉宏英・著(国土社)
『教科書に出てくる生き物観察図鑑6動物・鳥—ウサギ・ツバメ・スズメなど』　小宮輝之・監修(学研)
『生き物のなぜ?』井口泰泉・監修　ナムーラミチヨ・絵(偕成社)
『NHK 子ども科学電話相談スペシャル どうして?なるほど!生きもののなぞ 99』(NHK 出版)
『教科書に出てくる生き物観察図鑑5水の生きものメダカ・アメリカザリガニ・アマガエルなど』　小宮輝之・監修(学研)
『小学館の図鑑 NEO 4 魚』井田齊／松浦啓一・監修・執筆(小学館)
『小学館の図鑑 NEO 6 両生類・爬虫類』松井正文／疋田努／太田英利・指導・執筆(小学館)
『小学館の図鑑 NEO 7 水の生物』白山義久／駒井智幸／月井雄二／久保田信／齋藤寛ほか・指導・執筆(小学館)
『わくわく理科5』吉川弘之／大隅良典／石浦章一／鎌田正裕／赤尾綾子／阿部治／伊東明彦ほか・著(啓林館)
『科学のアルバム 99 ヤドカリ』川嶋一成・著(あかね書房)
『自然の観察事典 23 ヤドカリ観察事典』『自然の観察事典 11 ザリガニ観察事典』小田英智／大塚高雄・著(偕成社)
『サメも飼いたい　イカも飼いたい』岩井修一／間正理恵・著(旺文社)
『イカ・タコガイドブック』土屋光太郎・著　山本典暎／阿部秀樹・写真(阪急コミュニケーションズ)
『見てわかるクジラ百科　クジラの超能力』水口博也・著(講談社)
『かえるよ!ザリガニ』アトリエ モレリ・作・絵　久居宣夫・監修(リブリオ出版)
『ホネホネすいぞくかん』赤澤真樹子・監修　大西成明・写真　松田素子・文(アリス館)
『川の王さま オオサンショウウオ』広島市安佐動物公園・編(新日本出版社)
『学研わくわく観察図鑑 メダカ』岩松鷹司・監修(学研)　『いろいろたまご図鑑』(ポプラ社)
『びっくり、ふしぎ 写真で科学3 動物の目、人間の目』ガリレオ工房・編　伊地知国夫・写真(大月書店)

このほか、環境省ホームページなど多数 Web サイトを参考にさせていただきました。

なぜなにはかせの理科クイズ⑤
海と水辺の生き物

2015 年 2 月 20 日　初版第 1 刷発行
著者／多田歩実
発行／株式会社　国土社
　　　〒161-8510 東京都新宿区上落合 1-16-7
　　　Tel 03-5348-3710　Fax 03-5348-3765
　　　http://www.kokudosha.co.jp
印刷／モリモト印刷
製本／難波製本
NDC481／95P／22cm
ISBN978-4-337-21705-8

Printed in Japan ©A. TADA　2015
落丁本・乱丁本はいつでもおとりかえいたします。

NDC481　国土社
2015　95P　22×16 cm